BEI GRIN MACHT SICH IHR WISSEN BEZAHLT

- Wir veröffentlichen Ihre Hausarbeit, Bachelor- und Masterarbeit
- Ihr eigenes eBook und Buch - weltweit in allen wichtigen Shops
- Verdienen Sie an jedem Verkauf

Jetzt bei www.GRIN.com hochladen und kostenlos publizieren

Bibliografische Information der Deutschen Nationalbibliothek:

Die Deutsche Bibliothek verzeichnet diese Publikation in der Deutschen Nationalbibliografie; detaillierte bibliografische Daten sind im Internet über http://dnb.d-nb.de/ abrufbar.

Dieses Werk sowie alle darin enthaltenen einzelnen Beiträge und Abbildungen sind urheberrechtlich geschützt. Jede Verwertung, die nicht ausdrücklich vom Urheberrechtsschutz zugelassen ist, bedarf der vorherigen Zustimmung des Verlages. Das gilt insbesondere für Vervielfältigungen, Bearbeitungen, Übersetzungen, Mikroverfilmungen, Auswertungen durch Datenbanken und für die Einspeicherung und Verarbeitung in elektronische Systeme. Alle Rechte, auch die des auszugsweisen Nachdrucks, der fotomechanischen Wiedergabe (einschließlich Mikrokopie) sowie der Auswertung durch Datenbanken oder ähnliche Einrichtungen, vorbehalten.

Impressum:

Copyright © 2016 GRIN Verlag, Open Publishing GmbH
Druck und Bindung: Books on Demand GmbH, Norderstedt Germany
ISBN: 978-3-668-20017-3

Dieses Buch bei GRIN:

http://www.grin.com/de/e-book/320217/der-bergbau-in-den-1920er-jahren-die-rationalisierung-des-zeche-zollvereins

J. C.

Der Bergbau in den 1920er Jahren. Die Rationalisierung des Zeche Zollvereins

GRIN Verlag

GRIN - Your knowledge has value

Der GRIN Verlag publiziert seit 1998 wissenschaftliche Arbeiten von Studenten, Hochschullehrern und anderen Akademikern als eBook und gedrucktes Buch. Die Verlagswebsite www.grin.com ist die ideale Plattform zur Veröffentlichung von Hausarbeiten, Abschlussarbeiten, wissenschaftlichen Aufsätzen, Dissertationen und Fachbüchern.

Besuchen Sie uns im Internet:

http://www.grin.com/

http://www.facebook.com/grincom

http://www.twitter.com/grin_com

Inhaltsverzeichnis

1. Einleitung..3
2. Begriffserklärung..3
3. Zeche Zollverein..4
   3.1. Rationalisierung: Ausbau..5
   3.2. Rationalisierung: Nebenproduktgewinnung...........................6
   3.3. Rationalisierung: Technik...8
4. Fazit..9
Literaturverzeichnis...10

1. Einleitung

„*Schon kurz nach ihrer Inbetriebnahme am 1.Februar 1932 galt die Anlage Zollverein als die schönste Steinkohlenzeche der Welt.*"[1]

Die vorliegende Hausarbeit thematisiert die Rationalisierung im Bergbau am Beispiel der Zeche Zollverein, die nicht nur als schönste Steinkohlenzeche[2], sondern auch als leistungsfähigste Schachtanlage[3] der Welt kennzeichnend ist.

Die Hausarbeit ist in vier Teile unterteilt. Zunächst soll eine Begriffserklärung zur Rationalisierung als Hintergrundinformation dienen, um im Anschluss die Rationalisierung am Beispiel der Zeche Zollverein zu skizzieren. Hierbei wird zunächst ein grober historischer Kontext gegeben und anschließend die Rationalisierung in den Bereichen Ausbau, Nebenproduktgewinnung und Technik der Zeche Zollverein dargestellt.

Abschließend wird ein Fazit auf Basis der Bearbeitung gezogen.

2. Begriffserklärung

Im Folgenden soll eine Begriffserklärung zur „Rationalisierung" zum Verständnis und als Hintergrundinformation skizziert werden, um im Anschluss auf die Rationalisierung im Bergbau zu Beginn des 20. Jahrhunderts einzugehen.

„Durch Rationalisierung wird die Effizienz der Produktion gesteigert, d.h. mit gleichem Mitteleinsatz wird mehr erzeugt, oder es wird gleich viel mit weniger Mitteleinsatz hergestellt."[4]

---

[1] Laufer, Ulrike: Weltkulturerbe Zollverein. Drei Rundgänge zu Bergbau, Design und Kunst, Köln 2006, S. 8.

[2] Ebd. S.8.

[3] Jelich, Franz-Josef (Hrsg.): Stiftung Industriedenkmalpflege und Geschichtskultur: Welterbe Industrielle Kulturlandschaft der Zeche Zollverein. Die Schachtanlagen, Essen 2002, S. 19.

[4] Happe, Volker / Horn, Gustav / Otto, Kim: Das Wirtschaftslexikon. Begriffe, Zahlen, Zusammenhänge, Bonn 2009, S.239.

Dieser Lexikoneintrag zeigt deutlich, dass es um Steigerung der Produktion geht und er deutet bereits an, dass es sich hierbei um Maschinen handeln könnte, welche im Laufe der Zeit die Handarbeit zu großen Teilen ersetzen wird. Darauf soll jedoch an anderer Stelle erneut eingegangen werden.

Eine weitere Erklärung für den Begriff Rationalisierung, welche sich auf die Herkunft des Wortes aus dem Lateinischen bezieht, lautet wie folgt:

„Rationalisierung, von lat. Ratio: Rechnung, Berechnung, Erwägung, Überlegung, Vernunft, Denkvermögen, bedeutet hier ganz allgemein die vernünftigere, zweckmäßigere und wirtschaftlich effizientere Gestaltung."[5]

Wie dies genau zu verstehen ist und in welchem Kontext dies deutlich gemacht werden kann, soll nun an einem konkreten Beispiel, nämlich anhand der Zeche Zollverein, analysiert und dargestellt werden.

3. Zeche Zollverein

„Fast hundertvierzig Jahre, von 1847 bis 1986, wird auf der Zeche Zollverein Kohle gefördert – diese Zeitspanne markiert im Ruhrgebiet den Anfang und das Ende des Industriezeitalters."[6]

Die Zeche Zollverein gilt als „Wunderwerk der Rationalisierung"[7] und ist nicht zuletzt deswegen ein anschauliches Beispiel für die Rationalisierung im Bergbau.

Gründungsjahr der Zeche Zollverein war das Jahr 1847.[8] Der Kaufmann und Industriepionier Franz Haniel erhielt, nach Erfolg versprechenden Probebohrungen, die Berechtigung in den Markschneiden eines 13 Quadratkilometer großen Grubenfeldes Bergbau zu betreiben.[9]

---

[5] Bockemühl, Michael / Van den Berg, Jörg / Van den Berg, Karen: Zeche Zollverein Schacht XII in Essen. Gebauter Gedanke, Huberta de la Chevallerie, Ostfildern 1997, S.13.

[6] Engelskirchen, Lutz: Zeche Zollverein Schacht XII Museumsführer, Essen 2000, S. 8.

[7] Bösch, Delia: Ruhrgebiet. Entdeckungsreise Industriekultur, Essen 2008, S. 12.

[8] Ebd. S. 15.

[9] Vgl. ebd. S. 15.

„Zwischen 1847 und 1986 wurden insgesamt 220 Mio. Tonnen Kohle abgebaut, über und unter Tage waren bis zu 8000 Bergleute im Schichtwechsel beschäftigt."[10]

1851 betrug die tägliche Fördermenge ca. 300t pro Tag, was jedoch im selben Jahr allmählich auf 1400t pro Tag anstieg.[11]

Zollverein bestand zu Beginn des Ersten Weltkriegs aus vier selbständig betriebenen Schachtanlagen: Schacht 1/2/8, Schacht 3/7/10, Schacht 4/5/11 und Schacht 6/9.[12]

Interessant für die Rationalisierung des Bergbaus ist der Bau des Schacht XII. Warum dies von großer Bedeutung ist, wird im Folgenden skizziert.

3.1. Rationalisierung: Ausbau

Interessant in Bezug auf die Rationalisierung der Zeche Zollverein ist ihr Ausbau über die Jahrzehnte hinweg.

Zu Beginn des Ersten Weltkriegs bestand Zollverein, wie bereits erwähnt, aus vier selbstständig betriebenen Schachtanlagen, welche bei Kriegsende veraltet waren und nur noch notdürftig instandgehalten wurden.[13]

Als 1920 die Phoenix AG, eine der großen Hüttenzechen des Ruhrgebiets, die Gesamtanlage Zollverein als Kohlen- und Koksgrundlage für ihre Hüttenbetriebe übernahm, standen umfangreiche Investitionen an.[14] Zunächst wurde lediglich Schacht 11 erneuert und erst 1926, mit der Eingliederung der Phoenix AG in die neu gegründete Vereinigte Stahlwerke AG, boten sich neue Möglichkeiten.[15]

Mit der Errichtung (1928-1932) einer Verbundanlage (Zollverein 12) mit einer einzigen Zentralfördereinrichtung, die die durchschnittliche Tagesförderung von ca. 8000t aller

---

[10] Ebd. S. 15.

[11] Vgl. Bockemühl, Michael / Van den Berg, Jörg / Van den Berg, Karen: Zeche Zollverein Schacht XII in Essen. Gebauter Gedanke, Huberta de la Chevallerie, Ostfildern 1997, S. 67.

[12] Vgl. ebd. S. 13.

[13] Vgl. Bockemühl, Michael / Van den Berg, Jörg / Van den Berg, Karen: Zeche Zollverein Schacht XII in Essen. Gebauter Gedanke, Huberta de la Chevallerie, Ostfildern 1997, S. 13.

[14] Vgl. ebd. S. 13.

[15] Vgl. ebd. S. 13-14.

vier Zollvereins-Gruben nicht nur übernehmen, sondern mit 12000t Tagesförderung steigern sollte, erfolgte ein wahrer „Rationalisierungsrausch".[16] Dieser Bau wurde mit den Zielen der Mechanisierung, Verknüpfung, Versteigerung und Beschleunigung der Produktionsabläufe verbunden.[17] Das bedeutet ebenfalls die Einsparung von Personal durch Einsatz von Technik und Optimierung der Produktionsabläufe.[18]

Dies zeigt deutlich, dass der Bau von Schacht XII einen großen Stellenwert der Rationalisierung der Zeche Zollverein innehatte. Doch es gab auch noch andere Rationalisierungsmaßnahmen, die im Weiteren dargestellt werden.

3.2. Rationalisierung: Nebenproduktgewinnung

Mit der Zeit entwickelte sich eine weitere Art der Rationalisierung auf der Zeche Zollverein.

„Auf Zollverein kamen im Jahre 1895 [...] erstmals Koksöfen zum Einsatz, die das entstehende Koksofengas und auch die Abhitze der Koksöfen wirtschaftlich nutzten. [...] Diese technische Neuerung half wiederum dabei, die Kosten zu senken: Zur Beheizung der Dampfkessel konnte auf den Einsatz von Kohle verzichtet werden."[19]

Um das bei der Verkokung entstehende Gas nutzen zu können, musste es vorab gereinigt werden, was zur Folge hatte, dass Nebenprodukte wie Teer oder Ammoniak entstanden.[20] In den 1880er Jahren war Ammoniak, aus welchem ein Düngesalz erzeugt werden konnte, besonders beliebt.[21] 1896 gingen somit Nebengewinnungsanlagen in Betrieb, welche z.B. aus dem Kokereigas den Steinkohlenteeranteil entfernten und

---

[16] Vgl. ebd. S. 14.

[17] Vgl. Krau, Ingrid: Die städtebauliche Dimension der Zentralschachtanlage Zollverein 12. In: Busch, Wilhelm / Scheer, Thorsten (Hgg.): Symmetrie und Symbol. Die Industriearchitektur von Fritz Schupp und Martin Kremmer, Köln 2002, S. 82.

[18] Vgl. Engelskirchen, Lutz: Zeche Zollverein Schacht XII Museumsführer, Essen 2000, S. 10.

[19] Osses, Dietmar / Strunk, Joachim: Kohle Koks Kultur. Die Kokereien der Zeche Zollverein, Essen 2002, S. 63.

[20] Vgl. ebd. S. 63.

[21] Vgl. Ebd. S. 63.

schwefelsaures Ammoniak gewinnen konnten.[22] Somit trat der wirtschaftlich attraktive Nebeneffekt der Kokserzeugung in den Vordergrund, welcher sich zu Beginn des 20. Jahrhunderts erneut steigerte.[23] Im Zeichen des Ersten Weltkriegs spielte nicht nur der Koks für die Eisen- und Stahlerzeugung eine große Rolle, sondern auch die Produkte der Steinkohlenchemie, allen voran Ammoniak- und Benzolverbindungen.[24]

„Als Ergänzung zu den bestehenden Nebengewinnungsanlagen für Teer und Ammoniumsulfat ließ die Zeche 1912 auf dem Gelände der Schachtanlage ½ von der Firma Carl Still in Recklinghausen eine Benzolfabrik errichten."[25] Diese neue Einnahmequelle durch die Benzolgewinnung entwickelte sich mit hohen Gewinnspannen.[26]

„Nach der Nutzung der Abhitze zur Dampferzeugung und der Gewinnung von Teer, Ammoniumsulfat und Benzol aus dem Koksgas diente nun ein Teil des Überschussgases zu Erzeugung von Elektrizität, der jüngsten Energieform zum Antrieb von Maschinen und zur Beleuchtung."[27]

Diese Nebenproduktgewinnung hatte somit großen Erfolg und ist ein weiterer wichtiger Teil der Rationalisierung in Bezug zur Zeche Zollverein. Einen weiteren wichtigen Teil der Rationalisierung kennzeichnete die Technik, welche im Folgenden anhand einer allgemeinen Darstellung der Entwicklung der Technik im Bergbau grob skizziert werden soll und anhand knapper Beispiele auch konkret in Bezug zur Zeche Zollverein gesetzt werden soll.

---

[22] Vgl. ebd. S. 63.

[23] Vgl. ebd. S.63 und 67.

[24] Vgl. ebd. S. 67.

[25] Ebd. S. 67.

[26] Vgl. ebd. S. 68.

[27] Osses, Dietmar / Strunk, Joachim: Kohle Koks Kultur. Die Kokereien der Zeche Zollverein, Essen 2002, S. 72.

3.3. Rationalisierung: Technik

Im Bergbau im Verlauf des 20. Jahrhunderts erfolgte eine fortschreitende Mechanisierung und Automatisierung sämtlicher Arbeitsschritte, woraus ein Verlust der menschlichen Arbeitskraft erfolgte.[28]

Eine Einteilung in vier Perioden von Dietmar Bleidick zeigt, dass in der ersten Phase zwischen der Jahrhundertwende und Weltkriegsende der Maschineneinsatz lediglich eine Randerscheinung darstellte.[29] Im 19. Jahrhundert überwog in nahezu allen Bereichen noch die Handarbeit, die lediglich durch Schlägel und Eisen, sowie Bohrmaschinen und Sprengstoffen unterstützt wurde.[30] Vor dem ersten Weltkrieg entstand ein Wandel der Abbaumethoden im Bergbau. 1905 mit der Nutzung der Schüttelrutsche entstand ein erstes leistungsfähiges stetiges Fördermittel zur Verfügung.[31] Die zweite Phase 1920-1960 ist gekennzeichnet durch ein teilmechanisches Verfahren. In dieser Phase dominierte der Abbauhammer als Hilfsmittel.[32] „Um 1950", so Bleidick, „begann die dritte Phase mit der Verbreitung des Kohlehobels und damit das Zeitalter der Vollmechanisierung, das durch die Verbindung von Abbaumaschine und Fördermittel zu einer Einheit gekennzeichnet war."[33]

In den folgenden Jahren wurden noch zahlreiche neue Techniken hinzugezogen, welche an dieser Stelle nicht genauer erläutert werden sollen.

In Bezug auf Zollverein wurden die Flöze in Handarbeit hereingewonnen, hier waren bereits in den 1920er und 1930er Jahren mit Hilfe der eingeführten Bänder und Rutschen beachtlich große Abbaubetriebe mit täglichen Förderleistungen zwischen 600 und 1000t gewährleistet.[34] In der steilen Lagerung der nördlichen Feldeshälfte war das Schrägbauverfahren das vorwiegend eingesetzte Gewinnungsverfahren mit guten

---

[28] Vgl. Bleidick, Dietmar: Bergtechnik im 20. Jahrhundert: Mechanisierung in Abbau und Förderung. In: Ziegler, Dieter (Hrsg.): Geschichte des deutschen Bergbaus. Rohstoffgewinnung im Strukturwandel, der deutsche Bergbau im 20. Jahrhundert (Bd. 4), Münster 2013, S. 356.

[29] Vgl. ebd. S. 356.

[30] Vgl. ebd. S. 356.

[31] Vgl. ebd. S. 356.

[32] Vgl. ebd. S. 356.

[33] Ebd. S: 356.

[34] Vgl. Slotta, Rainer: Ein Bergwerk muss fördern. Die betrieblichen Voraussetzungen für die Tagesanlagen. In: Busch, Wilhelm / Scheer, Thorsten (Hgg.): Symmetrie und Symbol. Die Industriearchitektur von Fritz Schupp und Martin Kremmer, Köln 2002, S. 114-115.

Strebleistungen.[35] Die Streben besaßen einigermaßen große streichende Baulängen und es wurden hohe Hackenleistungen wurden erzielt.[36] Bei der Kohlengewinnung im Grubenbetrieb auf Zollverein wurden in den 1920er und 1930er Jahren Leistungen je Mann und Schicht von rund 3.3 Tonnen erreicht.[37]

Die Mechanisierung zeigt, dass durch die Umstellung von „Mensch auf Maschine" eine Steigerung der Kapazitäten vollzogen wurde und auch eine Reduzierung der Produktionsmittelpreise eine wichtige Rolle spielte.[38]

Abschließend lässt sich festhalten, dass dieser Teil der Rationalisierung nicht nur den Abbau von Kohle erleichterte, sondern auch Menschen größtenteils durch Maschinen ersetzt wurden, wie im vorangegangen bereits skizziert.

4. Fazit

Diese Hausarbeit veranschaulichte die verschiedenen Rationalisierungsprozess im Bergbau am Beispiel der Zeche Zollverein.

Zusammenfassend lässt sich sagen, dass die verschiedenen Arten der Rationalisierung in den Bereichen Ausbau, Nebenproduktgewinnung und Technik dazu führten, dass die Zeche Zollverein einen so großen Stellenwert innerhalb der verschiedenen Zechen innehatte.

Keine andere Zeche war so groß und leistungsstark wie die Zeche Zollverein. Letztlich spielt das Zusammenspiel all dieser Rationalisierungsprozesse eine große Rolle und nicht zu Letzt durch den Bau von Schacht XII wurde Geschichte innerhalb des Bergbaus geschrieben.

---

[35] Vgl. Slotta, Rainer: Ein Bergwerk muss fördern. Die betrieblichen Voraussetzungen für die Tagesanlagen. In: Busch, Wilhelm / Scheer, Thorsten (Hgg.): Symmetrie und Symbol. Die Industriearchitektur von Fritz Schupp und Martin Kremmer, Köln 2002, S. 114-115.

[36] Vgl. ebd. S. 114-115.

[37] Vgl. ebd. S. 114-115.

[38] Vgl. Bleidick, Dietmar: Bergtechnik im 20. Jahrhundert: Mechanisierung in Abbau und Förderung. In: Ziegler, Dieter (Hrsg.): Geschichte des deutschen Bergbaus. Rohstoffgewinnung im Strukturwandel, der deutsche Bergbau im 20. Jahrhundert (Bd. 4), Münster 2013, S. 357.

Literaturverzeichnis

- Bleidick, Dietmar: Bergtechnik im 20. Jahrhundert: Mechanisierung in Abbau und Förderung. In: Ziegler, Dieter (Hrsg.): Geschichte des deutschen Bergbaus. Rohstoffgewinnung im Strukturwandel, der deutsche Bergbau im 20. Jahrhundert (Bd. 4), Münster 2013, S. 355-401.

- Bockemühl, Michael / Van den Berg, Jörg / Van den Berg, Karen: Zeche Zollverein Schacht XII in Essen. Gebauter Gedanke, Huberta de la Chevallerie, Ostfildern 1997.

- Bösch, Delia: Ruhrgebiet. Entdeckungsreise Industriekultur, Essen 2008.

- Buschmann, Walter: Zeche und Kokerei Zollverein. Form, Sinn, Herkunft und Verbreitung. In: Landschaftsverband Rheinland, Rheinisches Amt für Denkmalpflege (Hrsg.): Zeche und Kokerei. Zollverein, das Weltkulturerbe, Worms 2006, S. 47-76.

- Engelskirchen, Lutz: Zeche Zollverein Schacht XII Museumsführer, Essen 2000.

- Gawehn, Gunnar: Zollverein. Eine Ruhrgebietszeche im Industriezeitalter 1847-1914, Essen 2014.

- Happe, Volker / Horn, Gustav / Otto, Kim: Das Wirtschaftslexikon. Begriffe, Zahlen, Zusammenhänge, Bonn 2009.

- Jelich, Franz-Josef (Hrsg.): Stiftung Industriedenkmalpflege und Geschichtskultur: Welterbe Industrielle Kulturlandschaft der Zeche Zollverein. Die Schachtanlagen, Essen 2002, S. 18-23.

- Krau, Ingrid: Die städtebauliche Dimension der Zentralschachtanlage Zollverein 12. In: Busch, Wilhelm / Scheer, Thorsten (Hgg.): Symmetrie und Symbol. Die Industriearchitektur von Fritz Schupp und Martin Kremmer, Köln 2002, S. 81-90.

- Laufer, Ulrike: Weltkulturerbe Zollverein. Drei Rundgänge zu Bergbau, Design und Kunst, Köln 2006.

- Osses, Dietmar / Strunk, Joachim: Kohle Koks Kultur. Die Kokereien der Zeche Zollverein, Essen 2002.

- Schwarz, Angela: Insdustriekultur, Image, Identität. Die Zeche Zollverein und der Wandel der Köpfe, Essen 2008.

- Slotta, Rainer: Ein Bergwerk muss fördern. Die betrieblichen Voraussetzungen für die Tagesanlagen. In: Busch, Wilhelm / Scheer, Thorsten (Hgg.): Symmetrie und Symbol. Die Industriearchitektur von Fritz Schupp und Martin Kremmer, Köln 2002, S. 103-118.

BEI GRIN MACHT SICH IHR WISSEN BEZAHLT

- Wir veröffentlichen Ihre Hausarbeit, Bachelor- und Masterarbeit

- Ihr eigenes eBook und Buch - weltweit in allen wichtigen Shops

- Verdienen Sie an jedem Verkauf

Jetzt bei www.GRIN.com hochladen und kostenlos publizieren